Inhalt

Die Französische Bulldogge – eine starke Persönlichkeit auf vier Pfoten

Autor – Jenna Funkbekker

Einleitung

Fledermausohren, ein aufgeweckter Blick und das kompakte Auftreten haben die Französischen Bulldoggen zu einer der beliebtesten Hunderassen gemacht. Besitzer und Freunde der kleinen Hunde berichten über ihr freundliches Wesen, einer hohen Intelligenz und dem großen Bedürfnis, immer ganz viel Zeit und Nähe zu ihrem Menschen zu wollen. Ein echter Kumpel in Hundegestalt eben! Zu Recht nennen die stolzen Herrchen und Frauchen ihren Bully Kampfschmuser. Die Französischen Bulldoggen sind wirklich angenehme Lebensbegleiter und für alle Lebensumstände zu haben.

Für wen eignet sich diese Hunderasse?

Die Französische Bulldogge hat einen nicht zu hohen Bewegungsdrang und ist somit auch für ältere oder körperlich eingeschränkte Menschen, die nicht mehr so weit gehen können, geeignet. Doch auch Familien mit kleinen Kindern werden ihren Spaß an dem netten Hund haben. Selbstverständlich fühlt sich die Rasse auch bei Singles wohl – die Französische Bulldogge zeichnet sich dadurch aus, dass sie eigentlich mit allen Lebensumständen klarkommt. Sie muss nicht in einem großen Haus mit Gartenauslauf, schöne Spaziergänge inbegriffen, gehalten werden. Ihr ist ein Reich in einer Etagenwohnung, vergnügliche Touren an der frischen Luft vorausgesetzt, ebenso genug. Nur die Zwingerhaltung sollte man den kleinen Kraftpaketen nicht antun; ihre Anhänglichkeit gegenüber dem Menschen würde sie dort zu sehr leiden lassen. Schließlich gehört die Rasse zu den Gesellschafts- und Schoßhunden. Die Bullys wollen ihrem Menschen immer nahe sein und das Leben angenehm machen. Sie ist immer für einen Spaß zu haben und generell gut gelaunt. Dies zeigen die Hunde auch ganz offen, in dem sie gerne die ganze Familie unterhalten. Gelassen steht sie auch Neuerungen im Alltag gegenüber, nichts bringt sie so schnell aus der Ruhe und sie ist alles andere als ein sensibler Hund. Wie geschaffen für das Leben in unserer Gesellschaft!

Keiner kann sich dem Charme der kleinen Bulldoggen entziehen, sie werden überall schnell im Mittelpunkt stehen und viele Freundschaften schließen. Somit ist diese Rasse wirklich für jeden Menschen, egal, ob Anfänger in der Hundehaltung oder geübter Hundekenner, geeignet.

Eine kleine Einschränkung in Bezug des Halters gibt es aber doch, nämlich die sportlichen Menschen, die sich einen Hund wünschen, den sie für ausgiebige Bergtouren, die Joggingrunde, beim Reiten oder den Hund sogar neben dem Fahrrad her springen lassen wollen: Aufgrund ihrer körperlichen Merkmale sollte hier auf eine Französischen Bulldogge verzichtet werden und lieber ein Hund mit sportlichem Temperament ins Haus geholt werden.

Was die Französische Bulldogge ausmacht

Geschichte: Wo die Rasse herkommt

Die Französische Bulldoggen wurden aus vielen verschiedenen Rassen, aber zum Großteil aus ihren großen Verwandten, den Englischen Bulldoggen, vom Menschen herausgezüchtet. Der Name Bulldogge kommt tatsächlich daher, weil Vorfahren der kleinen Franzosen in Stierkämpfen, Bullen, ihre Verwendung fanden.

In England waren die größeren Englischen Bulldoggen vor allem Anfang des 19. Jahrhunderts so beliebt, weil man sie vor allem für Hundekämpfe, bei denen viel gewettet wurde, einsetzte. Bulldoggen waren also besonders dann gern gesehen, wenn diese äußerst stämmig und robust wirkten, damit der Mensch schon beim Ansehen der rauflustigen Hunde sich vorstellen konnte, wie toll der Hundekampf wurde. Zum Glück wurden diese Hundekämpfe aber bald verboten und die Zucht bekam einen anderen Fokus. Denn nun fanden kleinere, freundlichere, nicht mehr so bullig wirkende Hunde mehr Gefallen in Menschenaugen.

Als einige Bulldoggen von England nach Frankreich und Belgien gelangten, diese Nachwuchs bekamen und somit auch einige Hunde mit den für die Französische Bulldogge so typisch stehenden Ohren das Licht der Welt erblickten, war man auf dem Kontinent ganz begeistert. Während man in England nur Bulldoggen ohne diese Ohren, die wie Fledermausohren aufrecht stehen, mochte, kristallisierte sich also die kleinere Bulldogge in Frankreich mit dem Aussehen, das wir heute noch kennen, heraus. Deswegen gibt es für die kleinen Vertreter der Bulldogge eben auch den neuen Namen: Französische Bulldogge. Diese waren nicht rauflustig, fanden ihren Job aber als Rattenfänger. Sie wurden jedoch aufgrund ihrer vielen positiven Eigenschaften auch immer mehr von Menschen entdeckt, die keine weitere Aufgabe für die Hunde hatten, als die Gesellschaft und die Freude. Der mutige, abenteuerlustige Charakter der großen Bulldogge begleitet die Kleinen aber trotzdem noch immer.

Aussehen

Der Rassestandard, nach der eine Französische Bulldogge auszusehen hat, beschreibt die Rasse folgendermaßen: Sie wiegt zwischen 8 und 14 kg bei den Rüden, Hündinnen werden bis zu maximal 13 kg schwer, und werden nicht größer als 35 cm in der Schulterhöhe. Unterschied in der Größe bei den Rüden: 24-35 cm und die kleineren Hündinnen werden zwischen 24-32 cm groß. Das Gewicht soll in einem gesunden Verhältnis zur Körpergröße stehen.

Das glänzende Fell ist immer kurz, fein und weich, wobei die Farben mit den klingenden Namen falbfarben, fawn oder fauve, gestromt sowie ungestromt und gescheckt zu nennen sind. So gibt es als Beispiel die weißen Hunde mit schwarzen Schecken, die Farbe fauve ist von einem Rot bis zu einer beigen Milchkaffeefarbe erlaubt und die gestromten Tiere sind mit einer Mischung aus leicht rötlichen, braunen, blonden und schwarzen Haaren auch nett anzusehen.

Nicht erwünscht und als Fehlfarben bezeichnet, sind die Farben Schwarz mit rotem Fleck, blau oder mausgrau und einfaches braun. Es gibt auch den blauen Farbschlag. Dieser ist in Züchterkreisen jedoch unerwünscht und als Rassestandard auch nicht zugelassen. Die blauen Hunde gelten als wesentlich krankheitsanfälliger als die Hunde, mit den gewohnten Fellfarben. Tatsächlich weiß man von anderen Hunderassen, dass die blauen Fellchen sehr viel öfter unter Hautkrankheiten und Allergien leiden.

Die Körperstatur haben all diese Haarfarben gemeinsam. Vom Kopf ausgehend, der eine gewölbte Stirn, gerne mit symmetrischen Falten, kräftig und quadratisch wirkt, mit kurzer Schnauze, wobei die aufgeweckt aussehenden Augen nicht zu nah an den Ohren stehen und auf Höhe des Nasenrückens liegen sollen.

Die Ohren sind immer nach vorne hin offen und an der Spitze abgerundet.
Die Nase, breit und kurz, geht in die kräftigen Backen und die ausgeprägten seitlichen Lefzen über.
Die oberen Lefzen sollen die untere Lefze etwas abdecken, dabei aber nicht über den Unterkiefer hinausragen. Der Unterkiefer steht gewollt über den Oberkiefer hinaus, diese Besonderheit wird als Brachykephalie, bzw. Vorbeißer, bezeichnet. Die Zähne und Zunge sind bei geschlossenem Maul nicht zu sehen.
Dieses Gesicht lässt die gutmütige Französische Bulldogge oft mürrisch oder sogar grimmig aussehen.

Der Hals ist kurz und ebenfalls kräftig, mit loser Haut bedeckt, sodass auch hier Falten zu sehen sind. Der Körper der kleinen Bulldogge ist von oben betrachtet, birnenförmig. Ein kurzer Rücken, an der Schulter breiter als an den Hinterläufen, endet an einer kurzen Rute, die dick im Ansatz ist, meistens kurz und gerade verläuft, aber auch einen Knick oder als Korkenzieherrute vorkommen darf.

Die Beinchen der Hunde sind kurz. Die Vorderläufe sind kräftiger als die Hinterläufe, wobei die hinteren Beine höher als die vorderen sind.

Alles im allem wirkt der Hund also sehr bullig und kompakt. Ein Kraftpaket mit viel Sinn für Humor. Man darf sich von dem Gesichtsausdruck nicht täuschen lassen!

Wesen

Der Bezug dieser Rasse zu ihrem Menschen ist sehr groß. Dabei sind die Hunde aber nicht aufdringlich. Sie sind verspielt und fröhlich, haben keine großen Ansprüche an ihren Tagesablauf. Selbst kleinen Kindern gegenüber sind sie gutmütig und lassen einiges durchgehen.
Sehr angenehm ist, das Frenchies kaum bellen, das wird besonders die unmittelbare Nachbarschaft zu schätzen wissen.

Der offensichtliche Dickkopf ist auch ein Teil des Wesens der Französischen Bulldogge: Dagegen hilft nur eine konsequente, aber liebevolle Erziehung von Anfang an. Fremden gegenüber sind die Tiere freundlich, würden ihre Menschen aber trotzdem beschützen, schließlich ist es ein mutiger kleiner Hund. So verteidigt sie auch gerne „ihr“ Revier, lässt bei Zurechtweisung aber auch davon ab. Die kleinen Doggen zeichnen sich dadurch aus, dass sie nie aggressiv auftreten, auch unbekannten Hunden gegenüber. Dabei zeigt sie auch gegenüber wesentlich größeren Hunden keine Scheu und schätzt ihre Kräfte eventuell falsch ein. Hier ist es gut, wenn schon im Welpenalter darauf geachtet wird, dass es viel Kontakt mit Hunden aller Arten und Größen gibt.

Entgegen einiger Behauptungen haben die Bullys durchaus Jagdtrieb, kein Wunder, schließlich wurden sie ursprünglich zur Rattenbekämpfung gezüchtet. Da diese Hunde angenehm in Haus in Wohnung sind, ist auch nicht damit zu rechnen, dass sie bei Langeweile nicht die Wohnungseinrichtung auseinandernehmen. Aber aufgrund ihrer Intelligenz sollte der Hund schon gefördert werden, denn neben einer körperlichen Auslastung, die bei den Plattnasen nur begrenzt möglich ist, wäre die Kopfarbeit eine schöne Abwechslung.

Die Hunde sollten wegen ihrer Anhänglichkeit auch nicht zu lange alleine gelassen werden, darunter leiden die Tiere dann wirklich. Am liebsten ist es den Hunden, wenn sie immer dabei sein können. Dass diese Rasse nicht zu den sportlichsten zählt, ist ihrer angezüchteten Gestalt zu verdanken. Aufgrund ihrer verkürzten Schnauze bekommen sie nämlich schlecht Luft und sollten sich nicht zu sehr anstrengen müssen.

Übrigens: Auch, wenn der Hund vielleicht verrückt auf Wasser ist, sollte man Vorsicht walten lassen, wenn er in tieferem Wasser schwimmen möchte; der Kopf dieser Rasse ist so schwer und groß, dass sich die Hunde nur schlecht über Wasser halten können.

Woher bekomme ich meinen neuen Freund?

In den letzten Jahren hat sich die Französische Bulldogge dermaßen etabliert, dass man regelrecht von einer Mode aus der Hundewelt sprechen kann. Weil Menschen dort das große Geschäft wittern, wenn sie Welpen einer Moderasse verkaufen können, kommt es auch zu Züchtungen, die absolut nicht tiergerecht sind. Deshalb sollte man gut darauf achten, woher der neue Freund stammt, damit es nicht zu unschönen Überraschungen kommt.

Züchter: Auf was muss ich achten?

Ein verantwortungsvoller Züchter wählt die Elterntiere sorgfältig aus. Es kommen nur Tiere als Eltern infrage, die absolut gesund sind und eine gute Herkunft haben. Der Züchter hat nie zu viele Welpen auf einmal, den Kleinen würde man sonst gar nicht gerecht werden. Denn Welpen Aufzucht kann ganz schön intensiv sein. Er lässt den Muttertieren zwischen den Würfen immer genügend Zeit zur Regeneration. Gerade bei dieser menschenbezogenen Hunderasse ist es wichtig, dass die Elterntiere und die Welpen immer im Haushalt leben können. Während der Trächtigkeit wird die werdende Mutter sinnvoll betreut und versorgt. Übrigens kommen die meisten Frenchies per Kaiserschnitt auf die Welt, denn die Köpfchen sind einfach zu groß für das Becken der Mutter. Sind die Welpen einmal auf der Welt, besuchen sie den Tierarzt, werden vorsorglich untersucht, entwurmt und geimpft. Auch sonst ist es gut, wenn der Züchter schon so viel wie möglich mit den Welpen macht. So lernen die Tiere schon das Autofahren kennen, werden an die Stubenreinheit herangeführt, dürfen draußen herumtollen und erschnüffeln so die Außenwelt. Sie sollten in der wichtigen Prägephase verschiedene Bodenbeschaffenheiten und so viel wie möglich von der Welt kennenlernen, damit sie später nicht unbegründete Angst vor Alltagssituationen haben.

Der geeignete Züchter lässt die neuen Besitzer die Welpen und Mutter in ihrer Umgebung besuchen. Er hat nichts zu verstecken. Schön ist es, wenn Welpe und ihr zukünftiger Mensch sich vor dem Umzug nicht nur einmal sehen, sondern schon etwas genauer kennenlernen. Der Züchter kann dann ganz viel über den Charakter der einzelnen Welpen erzählen und so findet der neue Besitzer sicher den Hund, der am besten zu ihm passt.

Dem neuen Hundebesitzer muss klar sein, dass die reinrassige Französische Bulldogge beim Züchter zwischen 800 € und 2000 € kosten kann. Das hängt ganz vom Züchter und dem Stammbaum der Welpen ab. Wenn dieser Preis bereits abschreckt, muss sich ernsthaft Gedanken über die nachfolgenden Kosten bei der Haltung des Hundes machen. Denn die artgerechte, gesundheitsfördernde Haltung ist kein Pappenstiel. Die Züchter haben eine verantwortungsvolle Aufgabe mit der Aufzucht übernommen, verfüttern nur das beste Futter und lassen die Tiere vom Tierarzt betreuen. All diese Kosten versuchen sie wieder zu bekommen. Außerdem erhofft man sich, wenn die Hunde mehr Geld kosten, dass die neuen Besitzer ebenso verantwortungsvoll mit den Tieren umgehen und nicht bei den kleinsten Problemen die Hunde ins Tierheim bringen oder noch schlimmer einfach aussetzen. Man versucht, mit dem hohen Preis eine Art Hemmschwelle aufzubauen. Aber ganz abgesehen davon leistet der Züchter auch nach Übernahme des Welpen gerne noch Hilfe: Bei Fragen zur Erziehung geben sie gerne Tipps, Wissen viel über die Gesunderhaltung der Rasse und nehmen oft im echten Notfall einen Hund wieder zurück, falls der Mensch einen Schicksalsschlag erleidet, der es ihm unmöglich macht, sich weiterhin um dem Hund zu kümmern.

Gute Züchter tragen dazu bei, dass eine Rasse frei von Fehlbildungen bleibt und möglichst gesund erhalten werden kann. Sie verwenden zur Zucht nur Elterntiere, die keine Erbkrankheiten haben, die sonst immer weitervererbt werden.

All dieser Aufwand macht den Preis aus.

Tierheim: Die Alternative

Hunde aus dem Tierheim haben zu Unrecht einen schlechten Ruf! Hier sind nicht nur die verhaltensgestörten, unvermittelbaren Vierbeiner untergebracht, sondern hier leben ebenso Tiere, die ein ganz normales, familienfreundliches Wesen haben. Im Tierheim trifft man die Hunde, die kein eigenes Zuhause mehr haben. Sei es, weil der Mensch sich aufgrund einer schwerwiegenden Krankheit oder gar dem Tod nicht mehr um den Hund kümmern kann. Verantwortungslose Menschen, die sich das Leben mit Hund anders vorgestellt haben, geben die Tiere ab, oder etwas im Leben hat sich so dermaßen geändert, dass es tatsächlich besser ist, wenn sich der Mensch vom Hund trennt. Da ist es oft das Beste, wenn der Hund in sachgemäße Hände, die es im Tierheim unbestritten gibt, kommt. Hier findet man nicht nur ältere Hunde, sondern auch immer wieder Welpen einer bestimmten Rasse. Welpen, die aus Beschlagnahmungen wegen schlechter Haltung oder illegaler Vermehrung stammen, finden im Tierheim einen ersten richtigen Halt in ihrem noch so jungen Leben und kommen so zu einem besseren Start in eben solches.

Es ist kein Fehler, wenn man mit den Gedanken spielt, einer Französische Bulldogge ein Zuhause zu geben, ein Tierheim zu besuchen und zu schauen, ob dort nicht der Seelenverwandte in Hundegestalt auf einen wartet. Die Tiere, die wieder in ein gesichertes Zuhause kommen, sind so dankbar und genauso gute Freunde, wie die vom Züchter. Denn da die kleinen Hunde so schmusebedürftig und anhänglich sind, leiden sie im Tierheim doch arg. Und dadurch, dass die Bullys so intelligent sind, fällt es ihnen nicht schwer, sich an ihre neuen Menschen und deren Lebensgewohnheiten anzupassen.

Auch im Tierheim werden die Hunde tierärztlich betreut und werden, wenn nötig, geimpft und gegen Parasiten behandelt. Die geschulten Tierheimmitarbeiter können viel über das Wesen und die Vorlieben des Hundes erzählen und haben auch immer Tipps zur Haltung und Erziehung parat. Gegenüber dem Preis beim Züchter ist die Abgabe für den Hund an das Tierheim extrem gering. Mit dem Geld kann das Tierheim den Aufenthalt des Hundes nicht decken und sind deswegen über jede Spende froh. Die anfallenden Kosten während des Hundelebens müssen, trotz des günstigen Anschaffungspreises, natürlich auch gestemmt werden.

Oft wird davon berichtet, dass die Tierheime die Hunde scheinbar gar nicht abgeben möchten. Ja, die Tierheimmitarbeiter schauen sehr genau, wer sich für die Hunde interessiert, und wenn es nicht passt, dann sagen sie dem willigen Halter auch mal ab. Dies tun sie aber nur, damit die Hunde es wirklich in Zukunft gut haben und nicht schon bald wieder ihr neues Zuhause verlieren, weil die Menschen sich das Zusammenleben mit dem neuen Familienmitglied ganz anders vorgestellt haben.

Fehler beim Hundekauf

Auf keinen Fall sollte man sich seinen Hund bei dubiosen Händlern holen, die gerne ihre Welpen aus dem Kofferraum an einem abgesprochenen Ort anbieten, ohne dass der potenzielle neue Besitzer je die Situation am Geburtsort und die Mutter gesehen hat. Man darf solche Händler nicht unterstützen! So ist es besser, von vorneherein nicht auf solche Anzeigen zu reagieren. Diese Welpen werden oft viel zu früh ihrer Mutter entrissen, damit diese schneller erneut trächtig wird, was weder für Mutter noch Welpe gut ist.

Einen Tierarzt haben die Tiere in der Regel nie gesehen, sie sind weder geimpft, entwurmt oder von Parasiten befreit. Diese haben Hunde aus schlechten Aufzuchts- und Haltungsbedingungen aber meistens. Manche haben auch schwerwiegende Krankheiten, die der Laie auf den ersten Blick nicht bemerkt. Später kommt es dann zu einem bösen Erwachen, wenn der Hund intensiv vom Tierarzt betreut werden muss, oder sogar verstirbt, da die „Züchter“ nur auf das schnelle Geld aus sind und sich um die Gesundheit und das Wohlbefinden des Hundes überhaupt nicht scheren.

Wer in den Kleinanzeigen einen Welpen entdeckt, der einem zusagt, aber nicht von einem echten Züchter kommt, muss sich gut überlegen, was er tut. Die Leute, die die Welpen abgeben, sollten sich Fragen nicht verschließen: Kann man den Welpen in seinem Zuhause besuchen, ist die Mutter dabei, sieht es dort nach einer guten Welpenstube aus oder werden die Welpen zum Ansehen nur herbeigeschleppt? Am besten ist es, wenn man eine zweite Person zu einem Besichtigungstermin mitnimmt. Diese außenstehende Person soll alles noch kritischer betrachten und warnend eingreifen, wenn man den Welpen nur aus Mitleid mitnehmen möchte. So leid einem die schlecht gehaltenen Tiere tun: Realistisch bleiben! Die Sorgen, Ängste und auch Kosten, die man wegen des Welpen aus dem Haus von verantwortungslosen Menschen hat, sollte man sich sparen.

Leider denken einige Unmenschen nur an das Geld, gerade wenn sie solch einen Modehund wie die Französische Bulldogge verkaufen möchten. Aber auch hier gilt: Ausnahmen bestätigen die Regel! Vielleicht ist es tatsächlich zu einem „Unfall“ gekommen und die Hündin wurde ungeplant trächtig. Dann wird natürlich für Mutter und Welpe das bestmögliche während der Aufzucht aus Menschensicht getan, denn alle Welpen kann der

Besitzer des Muttertieres wohl kaum behalten. Wenn solche Leute die Hunde abgeben, dann haben sie an die neuen Besitzer auch viele Fragen – und das ist gut so!

Der Welpe – Besondere Ansprüche des jungen Hundes von wenigen Wochen bis ins Erwachsenenalter

Wenn ein Welpe geboren wird, ist er nackt, blind und taub. Völlig hilflos müssen die Neugeborenen darauf vertrauen, dass die Mutter sich gut kümmert. Diese macht ihre Jungen nach der Geburt erst einmal sauber und bald wird sie ihnen Zugang zu den Zitzen mit der wichtigen ersten Milch, der Kolostralmilch, die eine ganz besondere Zusammensetzung hat und sehr wichtig für die Welpen ist, gewähren. Die Kleinen finden die Zitzen über ihren schon vorhandenen Tast- und Geruchssinn. Die Mutter hält ihre Jungen warm, denn die Körpertemperatur können Hundejunge noch nicht selbst regulieren, säubert sie immer wieder und füttert sie. Mehr brauchen die Welpen in den ersten Lebenstagen auch nicht. In der Kolostralmilch befinden sich Stoffe, die sehr wichtig für das

Immunsystem der Welpen sind. Dies sind passive Antikörper, die es in dieser hohen Konzentration nur in den ersten Stunden nach der Geburt in der Hundemuttermilch gibt. Deswegen ist es extrem wichtig, dass alle Welpen diese Milch zu trinken bekommen. Trinken ist sowie so sehr wichtig; zu wenig Flüssigkeit kann direkt zum Lebensbeginn zu Kreislaufproblemen oder gar Herzversagen führen. Den Kleinen darf es auch unter keinen Umständen zu kalt werden, zu schnell sind sie ausgekühlt und versterben.

Die Kleinen tun am Anfang nicht viel. Trinken und Schlafen, wobei sie während des Schlafes sich viel bewegen. Diese Bewegungen, die hauptsächlich aus Drehen und Zucken bestehen, sind schon zu Beginn des Lebens wichtig für die Entwicklung der Muskeln. Trinken bei der Mutter wollen die Kleinen in der ersten Lebenswoche bis zu 12-mal am Tag. Die Menge der Portionen verringert sich in den nächsten drei Wochen um 4-mal, die Mutter säugt nun etwa 8-mal in 24 Stunden.
Sind die Kleinen einmal zwei Monate alt, brauchen sie die Milch noch gute 5-mal am Tag. Ab der sechsten Woche werden die Kleinen von der Mutter kaum bis gar nicht mehr mit Milch versorgt.

Die Welpen wachsen rasant: In der ersten Woche verdoppeln sie ihr Geburtsgewicht. Wenn sie keine Milch mehr trinken, haben sie idealerweise etwa das 10-fache Gewicht gegenüber dem allerersten Wiegen.

Die Mutter ist neben dem Säugen auch wichtig für das Absetzen von Kot und Urin. Dieser Reflex muss bei den Welpen nämlich erst ausgelöst werden. Die Hündin erreicht dies, indem sie die Analregion nach der Fütterung bei jedem Welpen leckt. Fehlt diese Stimulation, haben die Kleinen schmerzhafte Blähungen und Verstopfung, was bei nicht beheben sogar zum Tod führen kann. Die Mutter hält die Welpenstube sauber, damit keiner durch Nässe eine Erkältung bekommt und Verunreinigungen keine Krankheiten hervorrufen. Wenn die Jungen die erste feste Nahrung bekommen, lässt die Mutter dieses Verhalten allmählich fallen.

Die Welpen öffnen ca. am 12 Lebenstag ihre Augen und können nach wenigen Tagen bereits richtig sehen. Das Gehör ist mit etwa 16 Tagen voll entwickelt. Die allerersten Gehversuche finden auch zu diesem Zeitpunkt statt. Das sieht dann sehr unbeholfen aus und ist auch am Anfang nicht mit Erfolg gekrönt, aber die Kleinen bleiben dran! Denn der Spieltrieb erwacht, die ersten Lautäußerungen schallen auch durch die Welpenstube.

Hundewelpen kommen ohne Zähne auf die Welt. Sie bekommen zwischen der 4. Und 6. Lebenswoche zunächst Milchzähne, nach einem halben Jahr brechen dann die Zähne für das bleibende Gebiss durch und die Milchzähne werden abgestoßen. Jeder Hund weist dann 42 Zähne auf.

Wenn die Milchzähnchen da sind, hat die Mutter auch mal keine Lust darauf, dass die Kleinen an den Zitzen saugen. Das ist die Zeit, in der sie mehr Interesse am Futter aus dem Napf der Mutter entwickeln. Wenn die Welpen nun zusammenbleiben und gemeinsam fressen dürfen, lernen sie besonders viel, wenn es um Futterneid geht. Kleine Kämpfe sind ganz normal und sollten nicht verhindert werden, schließlich lernen die Hunde nun, wie man sich zu verhalten hat.

Da die Sinnesentwicklung mit gut einem Monat ausgereift ist und auch das Gehen klappt, beginnt die Mutter nun, den Kleinen die Welt zu zeigen und aus Hundesicht zu erklären. Dies ist die wichtige Sozialisierungsphase, hier lernen die Welpen, wie sich ein Hund zu benehmen hat. Für die Welpen ist es nun wichtig, dass sie viel von ihrem Umfeld mitbekommen, damit sich eine starke, angstfreie Persönlichkeit entwickeln kann. Ein Welpe, der in dieser wichtigen Phase nichts kennenlernt, hat später einen schweren Stand in der Welt. Ängstlich, ohne das richtige Hundeverhalten, also regelrecht verhaltensgestört, ist es schwer, einem bereits erwachsenen Hund begreiflich zu machen, was die Welt alles zu bieten hat. Ein gut sozialisierter Welpe kennt andere Hunde, Menschen, Alltagsgegenstände und –Geräusche sowie die Welt vor der Tür.

Mit der Neugier und Selbstständigkeit lösen sich die Kleinen auch aus der engen Bindung ihrer Mutter gegenüber, das Entwöhnen beginnt. Im Alter von drei Wochen kann man schon damit beginnen, den Welpen Futterbrei bereitzustellen. Mit zehn bis zwölf Wochen können die Kleinen zu ihren neuen Familien ziehen, ohne dass sie Schaden nehmen, wenn sie von Mutter und Geschwistern getrennt werden.
Die Welpenzeit endet mit der 16. Lebenswoche, ab dann hat man kein Hundebaby mehr, sondern einen jungen Hund, der noch vor der Pubertät steht.

Die Französische Bulldogge braucht etwa drei Jahre lang, bis sie komplett ausgewachsen ist. Im ersten Jahr wächst der kleine Hund zunächst vor allem in der Höhe und bekommt dann allmählich seine breite, muskulöse Form.

Die jungen Hunde kommen mit 6-12 Monaten in die Geschlechtsreife. Eine weite Zeitspanne, bei dem einen geht es eben früher los und beim anderen später. Es bauen sich also langsam die Hormone auf und wie in der menschlichen Pubertät kann das den jungen Hund ganz schön verwirren. In der sogenannten Flegelphase entdeckt der Hund nicht nur mit Interesse das andere Geschlecht, auch im Rudel wird geguckt, ob man an der eigenen Situation etwas ändern kann. So ist es nicht selten, dass der pubertierende Hund nicht mehr so gut folgt, Grenzen austestet und „wie verrückt“ wirkt. Doch auch die Pubertät geht einmal vorüber. Ist der Mensch während dieser, zugegebener Maßen anstrengenden Zeit, aber verlässlich und verständnisvoll für seinen Hund da und bleibt liebevoll konsequent in der Erziehung, dann überstehen beide Parteien diese Zeit gut und ohne Schaden.

Erziehung – Damit ein gutes Hund-Mensch-Team zusammenwächst

Wenn ein Welpe neu einzieht, sind Mensch und Hund erst einmal überwältigt. Der Hund, weil er weg von Mutter, Geschwistern sowie der gewohnten Umgebung mitsamt den dort lebenden Menschen ist. Der neue stolze Hundebesitzer ist aufgeregt, weil er nun die Verantwortung für dieses kleine, süße Wesen hat. Man neigt dann dazu, dem Hund einiges an Unarten zu verzeihen, weil man denkt, dass der Welpe sich nun erst eingewöhnen muss. Aber das ist ein Fehler. Man muss dem Hund von der ersten Stunde im neuen Zuhause klarmachen, dass er einige Dinge einfach nicht machen darf.

Dieser erste Schritt der Erziehung ist in vielerlei Hinsicht sinnvoll: Der Hund lernt, wo sein Platz im Rudel ist und die Unarten verfestigen sich erst gar nicht bei seinem Verhalten. Man darf nicht vergessen, die Hundemutter hat die Welpen auch von Beginn an erzogen. Liebevoll und ohne Gewalt muss dem Kleinen von Anfang an gezeigt werden, dass beispielsweise Schuhe anknabbern nicht erwünscht ist. Dabei spielt Konsequenz eine große Rolle: Man kann nicht heute verbieten, was gestern noch erlaubt war. Der Hund, egal ob Welpe oder erwachsen, weiß dann gar nicht, was los ist. Aber eine klare Linie braucht ein Hund um glücklich zu sein.

Der nächste wichtige Schritt ist die **Stubenreinheit**. Da ein Welpe Urin nicht lange anhalten kann, ist es für ihn angenehm und wichtig, wenn er nach dem Fressen und Schlafen nach draußen gebracht wird, wo er sich lösen darf. Man sollte dabei nicht vergessen zu loben, wenn das Geschäft erfolgreich erledigt wurde. So weiß der Hund, dass er da etwas Tolles vollbracht hat. Wenn der Welpe es beim Züchter gewohnt war, sich auf einer Unterlage aus Zellstoff, Zeitung oder anderen weichen Stoffen zu erlösen, dann wird er aller Wahrscheinlichkeit nach solch eine Unterlage im neuen Heim für das Urinieren aufsuchen. Aus diesem Grund sollte man auf Teppiche, Vorleger oder auch unbeachtet auf dem Boden liegende Kleidung in der Zeit, in der der Welpe noch nicht sicher nur draußen sein Geschäft erledigt, unbedingt verzichten. Böse sein darf man dem Hund deswegen nicht, schließlich hat er es so antrainiert bekommen! Bei aller Vorsicht kann es dennoch einmal passieren, dass der Welpe sich im Haus erleichtert hat.

Nun bitte nicht schimpfen!
Man wischt die Pfütze kommentarlos weg oder entfernt das Häufchen. Die Stelle der Verunreinigung sollte sehr gut gereinigt werden, damit es nicht mehr danach riecht und den Hund erneut animieren wird, sich dort zu erlösen. Erwischt man den Hund dabei, wie er sich gerade hinhockt und urinieren möchte, schnappt man sich den Welpen schnell und trägt ihn nach draußen. In dieser Situation kann man auch ein „Nein“ scharf aussprechen, aber bitte nur dann. Ist das Malheur bereits geschehen, bitte nicht schimpfen. Der Welpe bringt es nicht mit der Pfütze oder dem Häufchen in Verbindung; er weiß dann gar nicht, warum geschimpft wird. Jeder Hund kann zur Sauberkeit erzogen werden. Der eine Hund braucht eventuell länger als der andere, aber lernen kann es jeder. Hier heißt es: Dranbleiben!

Man merkt es dem Welpen in der Regel schon an, wenn er mal „muss“. Er wird unruhig, dreht sich um sich selbst oder geht sogar schon in Richtung Tür und winselt. Aber dann kann es ganz schnell gehen, denn der Welpe kann den Harndrang eben noch nicht richtig kontrollieren. Am Anfang sollte der Hund aus diesem Grund auch nicht in der ganzen Wohnung herumlaufen können. Es ist besser, wenn man immer in der Nähe ist, damit man merkt, wenn es so weit ist und der Kleine schnell raus muss.

Es ist gut, wenn man nicht auf die Niedlichkeit und die goldigen Blicke des Hundes hereinfällt, damit er seinen Kopf durchsetzen kann. Auch bei einem so kleinen Hund wie dem Bully ist es sehr angenehm, wenn er einige klare Regeln befolgt. Nicht nur für einen selbst, auch wenn man in Gesellschaft ist, mag man einen Hund, der nicht zu aufdringlich ist, nichts zerstört und nur seinen eigenen Vorstellungen folgt. Da wird der wohlerzogene Hund als wesentlich angenehmer empfunden.

Die Erziehung eines Hundes sollte immer gewaltlos erfolgen. Mit Belohnung durch Leckerchen oder Worten werden dem Hund Kommandos beigebracht, bei Fehlverhalten reichen eine Zurechtweisung mit einem scharfen „Nein“ oder „Pfui“, bei einigen schlechten Verhaltensmustern kann man den Hund als ganz leichte Bestrafung auch einmal ignorieren. Nichtbeachtung ist für alle Hunde Bestrafung genug, denn sie wollen alle ihrem Zweibeiner gefallen. Wenn die Beziehung zwischen Hund und Mensch funktioniert, dann macht der Hund alles für seinen Menschen, denn auf ihn kann er sich verlassen, und muss sich nie vor ihm fürchten.

Damit diese Beziehung aber auch wirklich gut ist, muss der Hund den Menschen als Chef akzeptieren. Das hat nichts mit Unterdrückung zu tun, sondern ist einfach die naturgegebene Rangstruktur in einem Rudel.

In einem Rudel gibt es schließlich auch nur einen Anführer, der sagt, wo es langgeht. Aber der Anführer sorgt auch für sein Rudel, sei es durch Sicherheit oder Futterbeschaffung. Diese Aufgabe muss der Mensch als Chef übernehmen. Denn macht dies der Hund, dann wird geschnappt, im schlimmsten Fall sogar gebissen, denn so versucht der Vierbeiner den Zweibeiner in seinem Verhalten zu korrigieren und zurechtzuweisen. Oder der Hund hört nicht und läuft davon und kann sich so in eine Gefahrensituation bringen. Ein Hund ist nicht glücklich, wenn er nicht seinen Platz im Rudel kennt und es immer wieder neue Reibereien zwischen Mensch und Hund gibt.

Da die Französische Bulldogge zur Dickköpfigkeit neigt, sollte man immer konsequent bleiben. Dann lässt sich ein Frenchie spielend einfach erziehen. Auch als Welpe kann man ihm einige Kommandos beibringen. Da ein Hund sich noch nicht lange konzentrieren kann, sollte man die Übungen nie lange ausführen. Lieber öfter am Tag kurz, als einmal lange. Wenn es dem Hund zu anstrengend wird, er sich aber trotzdem konzentrieren muss, kann das schnell zu Frust führen. Dann hat der Welpe gar keinen Spaß mehr am Lernen. Aber das Lernen soll mit etwas Gutem verbunden sein, es soll allen Beteiligten Freude machen!

All die folgenden Erziehungstipps sollten immer wieder geübt werden, bis die Übungen dem Hund in Fleisch und Blut übergegangen sind.

Zunächst bringt man dem Hund seinen **Namen** bei. Immer wenn der Hund auf seinen Namen reagiert, bekommt er ein Leckerchen oder ein übertrieben ausgesprochenes Lob. Den Namen benutzt man immer dann, wenn man den Hund auf etwas aufmerksam machen will. Deshalb reicht es nicht, nur den Namen zu sagen, wenn der Hund kommen soll.

Das Kommando **„Komm“** ist normalerweise auch recht einfach einzuüben. Man geht in die Hocke, nennt den Namen des Hundes, damit er darauf aufmerksam wird und ruft den Welpen mit „Komm“ zu sich. Meistens reicht es schon, wenn der Hund sieht, dass man in der Hocke ist, zur Not kann man ihn aber auch mit einem Leckerli anlocken. Wenn es kein Leckerli gibt: Ausführliches Loben nicht vergessen!

Der beste Ort, um den Rückruf zu trainieren, ist dort, wo es weitestgehend keine Ablenkung gibt. Meistens ist dies das Zuhause. Üben sollte man mehrmals am Tag, damit sich das „Komm“ verfestigt. Genauso ist darauf zu achten, dass der Weg für den Hund mal weiter oder kürzer ist und dass auch nicht immer im gleichen Raum geübt wird. Wichtig ist, dass der Hund sofort darauf hört; nur dann, aber wirklich nur dann, gibt es eine Belohnung!

Um draußen das Rückrufsignal „komm“ zu üben, lohnt sich der Einsatz der langen Leine, auch eine Schleppleine tut hier gute Dienste. Die Leine verhindert, dass der Hund plötzlich auf die Idee kommt und seine eigenen Wege verfolgt. Allerdings ist hier wichtig, dass der Hund vor dem Rückruf genau beobachtet wird. Ist er gerade sehr abgelenkt, bitte nicht „Komm“ rufen, denn die Wahrscheinlichkeit, dass er darauf jetzt reagiert, sehr gering ist.
Man sollte das Kommando am Anfang nur anwenden, wenn man sich sicher ist, dass der Hund auch darauf hört. Denn je öfter der Hund das Signal zwar wahrnimmt, aber nicht die Notwendigkeit sieht, auch tatsächlich darauf zurückzukommen, macht dies die Übung zunichte.
Ziel der Übung ist es, dass der Hund Freilauf, ohne Leine, hat. Deswegen muss die Leine später, wenn das Signal gut ausgeführt wird, wieder abtrainiert werden. Mit der Zeit wird man seinen Hund aber so gut kennen, dass man weiß, wann der richtige Zeitpunkt dafür gekommen ist.

Beim Kommando **„Sitz“** kann man entweder auf das Zufallsprinzip setzen oder es aktiv beibringen.

Zufallsprinzip: Wenn der Hund gerade sitzt, gibt man das Kommando und lobt den Hund.
Aktiv bringt man das Kommando folgendermaßen dem Hund bei:

Mit einem Leckerli den Hund zu sich rufen. Steht der Hund vor einem, den Leckerli zeigen. Ist er darauf aufmerksam geworden und will mit der Nase voran zum Leckerli, die Hand soweit über den Kopf heben, dass der Hund sich nach oben recken muss. Damit dies bequem geht, wird er sich hinsetzen, denn so kann er höher mit dem Kopf gehen. Die Hand mit dem Leckerli nicht soweit hochhalten, dass der Hund versucht zu springen, um daran zu gelangen. Aber wenn er sitzt, schnell das Kommando „Sitz“ sagen und mit dem Leckerli belohnen. Man muss den Hund nicht mit der Hand in den Sitz drücken, mit Überlistung tut er dies ganz alleine. Ohne die Gewalt setzt er sich sehr viel lieber hin, schließlich gibt es eine Belohnung.

Um **„Platz“** zu machen, ist es gut, wenn der Hund bereits „Sitz“ sicher kann. Der Hund sitzt also vor einem, damit er sich hinlegt, nimmt man wieder ein Leckerchen und legt es so weit vor den Hund auf den Boden, dass er sich herunterbeugen muss. Das Leckerchen soweit vorziehen, bis der Hund sich langmacht und schließlich liegt. Nun schnell das Kommando „Platz“ einfügen und das Leckerchen reichen. Auch das Hinlegen erreicht man ganz ohne Druck. So macht lernen Spaß!

Wenn der Welpe beide Kommandos, „Sitz“ und „Platz“, beherrscht, kann man auch **„Bleib“** einüben. Der Vierbeiner sitzt oder liegt also vor einem, man gibt das Kommando „Bleib“, hält den Blickkontakt und geht wenige Schritte nach hinten. Bevor der Hund jetzt versucht ist zu folgen, geht man wieder auf den Hund zu und belohnt ihn. Beim Üben darf man dem Kleinen nicht den Rücken zudrehen, immer rückwärts weggehen. Erstens kann man so den wichtigen Blickkontakt halten und zweitens kann man schneller reagieren, falls der Hund nicht in der Position bleibt. Die Belohnung in Form eines Leckerlis darf dabei nicht sichtbar in der Hand gehalten werden, schließlich ist der Hund es bisher gewohnt, dem Leckerchen zu folgen. Nach und nach kann man dann die Entfernung zum Hund, der sitzen oder liegen bleiben soll, steigern. Besser kleine, aber gelungene Übungsschritte machen, als schnell Fehler entstehen lassen, die dem lernwilligen Hund die Lust am Üben nehmen.

Manchmal ist es nützlich, wenn man den kleinen Freund nicht ständig zwischen den Füßen hat, sondern man ihn auf **seinen Platz** oder in **sein Körbchen** schickt. Für dieses Training kann man entweder extra eine Decke für den Hund auslegen oder man nutzt schon gleich den zukünftigen Platz wie ein Hundebett oder Körbchen. Nun lockt man den Hund auf seinen Platz mit einem Leckerchen. Kommt der Hund auf den Platz, wird belohnt. Dieses Vorhaben kommentiert man mit einem Befehl, beispielsweise benutzt man „ins Körbchen". Dies übt man so lange, bis der Hund schön ins Körbchen oder auf die Decke geht. Dann soll sich der Hund im Körbchen setzen oder hinlegen, darauf gibt es eine Belohnung. Klappt das Setzen oder Legen auf dem

Platz richtig gut, lockt man den Hund auf den Platz und wartet ein paar Sekunden, in der Hoffnung, dass sich der Hund von alleine niederlässt. Das wird der Hund früher oder später auch tun, vorausgesetzt, dass immer das Setzen oder Legen geübt wurde.

Die gute **Leinenführung** weiß man immer dann zu schätzen, wenn man vom Hund spazieren gezogen wird. Das muss natürlich nicht sein, auch ein kleiner Hund kann lernen, dass das Ziehen an der Leine nicht erwünscht ist. Für die empfindliche Kehle des Hundes ist es sogar schädlich. Auch wenn der Hund durch das in der Leine hängen und zerren gar nicht den Eindruck erweckt. Frenchies sind stark, sie können ganz schön ziehen – unangenehm für den Menschen am anderen Ende der Leine! Um einen ruhigen Spaziergang zu erleben ist es aber wichtig, dass der Hund nicht zieht. Um zu erreichen, dass der Hund nicht zieht, muss man vom ersten Augenblick an, wenn der Welpe an der Leine ist, richtig reagieren. Der Welpe läuft los, findet irgendetwas interessant und will dort hingehen; er zieht an der Leine. Nun ist man versucht, dem Hund dies zu ermöglichen. Die Folge dieser falschen Reaktion ist, dass der Kleine lernt, wenn ihn etwas stoppt, also die Leine, muss er nur hartnäckig ziehen, dann geht es weiter in die von ihm gewünschte Richtung. Bleibt man selbst aber stehen, versucht der Hund vielleicht noch kurz weiterzukommen, aber nach kurzen Augenblicken dreht er sich um, läuft zurück und guckt, warum es nicht weitergeht. Die Leine fällt wieder locker: In diesem Moment muss man den Hund überschwänglich loben, denn er hat kapiert, dass er nach dem Menschen sehen muss und nicht umgekehrt. Genauso verhält man sich auch während des Gehens. Sobald die Leine gespannt ist und der Hund zieht, bleibt man einfach stehen, bis der Hund zurückkommt und die Leine locker ist. Dieses Prinzip des Lernens klappt auch noch bei einem bereits erwachsenen Hund. Das Ganze soll ohne Druck, heftiges Zurückziehen des Hundes oder andere Formen von Gewalt geschehen. Der Hund lernt, dass es an ihm selbst liegt, wann es wieder weitergeht.

Bei einer Französischen Bulldogge sollte wirklich darauf geachtet werden, dass sie nie lange **alleine bleiben** muss. Diese Rasse ist so anhänglich, dass sie echt leidet, wenn sie ohne ihre Menschen auskommen muss. Wenn man weiß, dass der Hund öfter oder gar regelmäßig eine lange Zeit alleine zu Hause bleiben wird, dann sollte man sich besser eine andere Rasse, die in dieser Beziehung selbstständiger reagiert, anschaffen. Kein Hund ist gerne von seinem Rudel getrennt. Dem einen fällt es aber schwerer als dem anderen. Man darf nicht vergessen: Ein Welpe wäre in der freien Natur ohne sein Rudel dem Tode geweiht. Wieso sollte ein Tier, dessen Instinkte noch so tief verwurzelt sind, also keine Angst vor dem Alleinsein haben? Das Rudel, in dem Fall die Menschen, ist von essenzieller Bedeutung.

Auch ein ausgewachsener Hund sollte nicht länger als 4 Stunden alleine gelassen werden. Für die Bullys ist diese Zeit aber schon eine Quälerei.

Den Welpen kann man zunächst, vor allem in den ersten drei Lebensmonaten, nicht alleine lassen. Wie ein kleines Baby ist der Welpe auf seine Menschen rund um die Uhr angewiesen. Das Alleine bleiben muss man auch erst Schritt für Schritt einüben, man kann den Hund nicht von jetzt auf gleich einfach so zurücklassen. Diese Übungen kann man etwa ab dem fünften Lebensmonat langsam einfließen lassen. Wenn der Welpe müde ist und sich auf seinem Platz zum Schlafen eingekuschelt hat, steht man auf und geht aus dem Zimmer. Kein Aufhebens um das Verlassen machen! Die Tür nicht schließen, sondern einfach nur rausgehen. Wird der Welpe wach und folgt, nicht beachten. Da man sich nicht mit dem Hund beschäftigt, wird er sich selbst beschäftigen oder wieder auf den Platz legen. Dem Hund muss klar werden, dass man zuverlässig wiederkommt und nichts Spannendes ohne ihn passiert.

Bleibt der Hund gut alleine in einem Zimmer, kann man den eigenen Aktionsradius langsam auf das Verlassen der Wohnung bzw. Haus erweitern. Zieht sich der Hund müde auf seinen Platz zurück, ist wieder der richtige Zeitpunkt. Ohne etwas zu dem Hund zu sagen, geht man vor die Tür und schließt diese von außen. Will der Hund nun schnell mitkommen, schickt man ihn wieder auf seinen Platz

oder sagt ein „Nein“. Nun kurz lauschen: Beschwert sich der Hund bellend? Jault er los? Nicht sofort zurückgehen, am optimalsten ist es, wenn man gerade in dem Moment zurück in die Wohnung kommt, wenn der Hund gerade ruhig ist. Heult er und man kommt sofort zu ihm zurückgeeilt, dann hat er mit seinem Verhalten ja erreicht, was er wollte. Ist der Hund aber brav alleine geblieben, kann man ihn kurz begrüßen und zum Alltag übergehen. Hat der Hund lautstark das Alleinsein reklamiert, ignoriert man ihn beim Zurückkommen. Eine große Verabschiedung sollte man nie machen, so denkt der Hund ja, dass gleich etwas ganz Besonderes, gut oder schlecht, passiert. Doch das Alleinsein soll zu etwas ganz normalem, Alltäglichem werden.
Es sollte täglich um wenige Minuten gesteigert werden. Weiß man bereits im Vorfeld, dass man immer zu bestimmten Uhrzeiten das Haus zukünftig verlassen wird, dann schadet es nicht, wenn man die Trainingszeit schon in diesen Zeitrahmen legt. So kann der Hund sich innerlich darauf einstellen, dass er sich zu dieser Zeit beispielsweise auf ein Schläfchen freuen kann.

Gesundheit – Die Besonderheiten der französischen Bulldogge: Auf was man besonders achten sollte

Leider ist es bei Hunderassen, die in Mode sind, oft so, dass es zu viele unseriöse Züchter gibt, die nicht darauf achten, dass nur geeignete Hunde Eltern werden, sondern nur darauf achten, dass sie mit möglichst wenig Aufwand viel Geld bekommen. Je öfter ein Hund gezüchtet wird, desto eher schleichen sich auch Krankheiten oder Allergien ein. Deswegen sagt man auch oft, dass Mischlinge gesünder sind, da hier zwangsläufig einfach auf einen größeren Genpool zurückgegriffen wird. Wenn der Frenchie-Freund über die gängigsten Krankheiten seiner Traumrasse Bescheid weiß, kann er umso schneller entsprechend reagieren und fällt nicht aus allen Wolken, wenn der Tierarzt im Krankheitsfall seine Diagnose mitteilt.

Obwohl man den kleinen Hunderassen eine hohe **Lebenserwartung** nachsagt, gehört die kleine Französische Bulldogge leider nicht dazu. Im Durchschnitt werden Bullys nur zehn bis zwölf Jahre alt.

Die Französische Bulldogge ist aufgrund ihrer kurzen Schnauze recht **kurzatmig**. Wie schon erwähnt, soll sie deswegen keine großen Anstrengungen ausgesetzt sein. Diese angezüchtete Kurzschnautzigkeit kann zu großen Problemen führen, wenn ein Brachyzephalie Syndrom auftritt. Bei diesem Syndrom sind die Atemwege so sehr verkürzt oder an Gaumensegel, Nasenmuschel oder dem Kehlkopf derart verwachsen, dass die Hunde noch schlechter Atem bekommen wie üblicherweise bei den Bullys. Diese Hunde grunzen und schnaufen bei geringster körperlicher Anstrengung; sie japsen nach Luft und bekommen doch nicht genug. Während des Schlafens schnarchen die Hunde laut und bekommen auch da nicht ausreichend Luft. Manche Hunde fallen aufgrund des Sauerstoffmangels sogar des Öfteren in Ohnmacht, was Hund und Halter schwer verstören können. Da diese extremen Ausprägungen zuchtbedingt sind, legt der Gesetzgeber den Zuchtverbänden nahe, dass eine weitere Zuchtveränderung in Form der Verkürzung der Gesichtsknochen vermieden wird. Was aber tun, wenn der eigene Hund nur so qualvoll Luft bekommt? Den meisten Hunden kann mittels eines chirurgischen Eingriffs geholfen werden. Durch einen kleinen Eingriff eines geübten Veterinärs kann dem Hund also ein angenehmeres, längeres Leben geschaffen werden.

Ein Hund kann bekanntlich nicht Schwitzen. Damit er seine Körpertemperatur regulieren kann, hechelt er bei heißen Temperaturen vermehrt. Die Atemluft wird durch die lange Nase gekühlt in den Körper geleitet. Bei der Französischen Bulldogge ist dies durch die kurze Nase nicht möglich. Die Bullys sind deswegen sehr hitzeempfindlich. An heißen Tagen sollten sich die kleinen Hunde an kühlen Orten aufhalten dürfen und keine Spaziergänge in der prallen Sonne und großer Hitze machen müssen. Stattdessen werden sie besser in den kühleren Morgen- und Abendstunden ausgeführt.

Auch im aufgeheizten Auto ist ein Hund nicht gut aufgehoben! Immer daran denken, dass ein geschlossenes Auto sich in der Sonne unglaublich schnell aufheizen kann und so zur Todesfalle, gerade für die Knautschgesichter, werden kann. Frisches Wasser sollte immer zugänglich sein.

Ebenfalls durch die Züchtung sind die Falten im Gesicht entstanden. An diesen Stellen kommt es gerne zu **Hautproblemen**. Hier sollte man besonders gut darauf achten, damit sich die Haut unter den Falten nicht entzündet.

Eine Erbkrankheit, die diese Rasse treffen kann, ist **Von-Willebrand-Disease,** auch Willebrand-Jürgens-Syndrom genannt. Das ist eine Gerinnungsstörung des Blutes.

Als Symptome gelten Nasen- und Zahnfleischbluten oder scheinbar unbegründetes Blut im Urin, denn die Tiere bluten leicht bei den kleinsten Verletzungen. Für diese Krankheit gibt es keine Heilung.

Da die Augen der Französischen Bulldogge so groß und ungeschützt im Gesicht liegen, sollte man ihnen besondere Aufmerksamkeit widmen, denn es kommt recht häufig zu einer **Bindehautentzündung**. Zugluft ist für die ungeschützten Augen zu vermeiden. Ferner sind die Bullys anfällig für den sogenannten **Nickhautdrüsenvorfall**. Die Nickhaut, oder auch das dritte Augenlid, mit einer zusätzlichen Tränendrüse, drückt sich im Auge nach draußen. Diese rote Wölbung wird manchmal auch als Cherry Eye bezeichnet. Die Tränendrüse ist wichtig für die Gesunderhaltung des Auges, wenn sie im Lidwinkel heraus rutscht, kann man nichts Anderes tun, als dass ein Tierarzt diese operativ korrigiert. Dabei wird die Drüse an der Nickhaut befestigt, wo sie dann wieder ihrer Aufgabe, nämlich das Auge mit einem Tränenfilm zu schützen, ausführen kann.

Futtermittelunverträglichkeiten, die sich durch Haut- und Fellveränderungen oder Bauchschmerzen mit Blähungen und Durchfall oder Erbrechen bemerkbar machen, sind bei den Französischen Bulldoggen leider auch kein Einzelfall, im Gegenteil, die meisten Frenchies leiden darunter. Aufgrund von ungeeignetem Futter kommt es oft zu einer

Zwischenzehendermatitis: Hier rötet und entzündet sich die Haut zwischen den Zehen und juckt auch. In dem Fall muss man auf eine strikte Diät achten und nur das füttern, was auch wirklich vertragen wird.

Andere **Allergien** können einem Bully auch Probleme bereiten, selbst einen Heuschnupfen bekommen die Vierbeiner. Staub, Pollen und andere Auslöser belasten also nicht nur die Menschen, auch ihre Hunde können darunter leiden.

Eine weitere Problemzone dieser Rasse ist die **Schilddrüse**, meistens erkennbar durch Hauterkrankungen oder Zysten. Der Tierarzt kann die Schilddrüse mithilfe des Blutbildes als Krankheitsursache schnell ausfindig machen.

Und als ob all diese möglichen Krankheiten noch nicht genug wären, sind die Kleinen auch noch anfällig für Gelenkerkrankungen wie beispielsweise Bandscheibenvorfall, also Rücken- sowie Wirbelsäulenerkrankungen.
Schuld daran ist eine Genmutation, die **Achondroplasie** genannt wird. Kleinwüchsigkeit und eine schlechte Entwicklung des Skeletts treten zwar wegen der Achondroplasie bei den Frenchies auf, doch man kennt sie auch von anderen Säugetieren.

Ernährung

Das Futter für die Frenchies sollte, wie bei allen anderen Hunden auch, qualitativ hochwertig sein. In einem Fertigfutter aus dem Handel soll kein zugesetzter Zucker, auch nicht in den Formen wie Glukose, Fruchtzucker oder sämtlichen anderen Bezeichnung für Süßes, sein. Dies ist absolut unnötig und führt nur zu Karies und Übergewicht. Zusatzstoffe wie Farbstoffe oder Konservierungsstoffe haben in einem guten Hundefutter ebenfalls nichts zu suchen. Auf der Packung des Futters sollte jede Zutat genau aufgeführt sein. Wenn man die Zutatenliste liest, sollte man nicht mehr Fragen wie vorher haben. Ein verantwortungsvoller Futtermittelhersteller hat nichts zu verbergen und schreibt klar auf, was in dem Futter steckt. Leider ist der Markt für Hundefutter ziemlich unübersichtlich. Deswegen muss man gerade am Anfang sehr genau schauen, für welches Futter man sich entscheidet. Wichtig ist auch, außer bei schwererkrankten Allergiker Hunden, dass man Futtersorte und Hersteller immer mal wieder austauscht. Man stelle sich nur vor, der Hund frisst nur die eine Sorte und der Hersteller verändert etwas an der Zusammensetzung oder nimmt die Sorte sogar komplett aus dem Programm. Für diese Fälle braucht man immer einen Plan B. Mit Abwechslung im Napf bekommt der Hund alle Nährstoffe, die er für ein glückliches Leben braucht.

Es ist jedenfalls klar: Je besser ein Futter ist, desto gesünder ist der Hund. Nun ist es tatsächlich so, dass nicht unbedingt das teuerste Futter das Beste ist. Natürlich ist aber auch das billigste Futter nicht besonders geeignet, schließlich sollen schon hochwertige Stoffe im Futter sein, dieses muss der Hersteller ja auch erst beschaffen und bezahlen.

Fleisch muss immer die Grundlage einer jeden Futtersorte für Hunde sein. In Fleisch stecken Proteine, lebenswichtige Fette und Mineralstoffe sowie Vitamine. Dennoch ist eine reine Fleischfütterung nicht gut für einen Hund.

Die Frenchies sind naturgegebener maßen nicht besonders aktiv, deswegen brauchen sie auch weniger Futter wie ein Hund gleicher Größe, der aber dafür viel unterwegs ist. Übergewicht wäre beim Bully fatal, schließlich bekommen die Plattnasen so schon schlechter Atemluft als andere Hunderassen. Am besten füttert man dem Hund morgens und abends zwei kleinere Portionen; gibt man nur einmal am Tag eine große Portion belastet das zu sehr den Magen. Auch für den Kreislauf ist eine kleine Futtermenge besser zu verkraften.
Wenn man dem Hund tagsüber beim Üben und Trainieren, beim Spielen oder einfach nur so, viele Leckerli zusteckt, muss man diese Menge natürlich am Futter für den Napf abziehen!

Auf dem Hundefuttermarkt gibt es Trockenfutter, Dosenfutter oder auch Barf. **Barf** ist nichts Anderes als rohes Fleisch, auch mit fein zerkleinerten Knochen, mit Zusätzen wie hochwertigen Ölen, Kräutern und etwas Gemüse oder Obst. Dies kommt dem ursprünglichen Futter für alle Hunde am nächsten und ist die natürlichste Form. Barf kann man für seinen Hund auch selbst zusammenstellen, dann weiß man immer ganz genau, was der Hund so frisst. Genauso kann man dem Hund auch selbst etwas kochen, auch dann ist man auf der sicheren Seite, was die Inhaltsstoffe angeht.

Das selbst Zusammenstellen des Futters ist sicherlich die aufwendigste Art der Fütterung. Es gibt sogenannte Barf-Rechner auf einschlägigen Internetseiten, die genau nach Gewicht, Größe und Aktivität des Hundes zusammenstellen, was man für die ausgewogene Mahlzeit braucht. Man muss vor dem barfen also keine Angst haben. Barf riecht für die Menschen nicht anders als das eigene Essen.

Wer sich über die Fütterung kaum Gedanken machen will, keinen Platz für die Futtervorräte oder andere Gründe hat, der wird zu **Trockenfutter** greifen. Trockenfutter gibt es in größeren und kleineren Tüten oder Säcken. In den Futterbrocken steckt das, was der Hund braucht, andererseits sind sie aber auch nicht abwechslungsreich.
Das Futter ist leicht transportierbar, braucht wenig Platz, da nicht viel davon gefüttert wird, und hat so gut

wie keinen Eigengeruch. Obwohl im Trockenfutter Fleisch, Blut und Tiermehl steckt, ist dies durch die Trocknung nicht mehr zu riechen. Hier muss man darauf achten, dass keine ungesunden Geschmacksverstärker eingesetzt werden, die den Hund zum Fressen animieren sollen. Wer das Trockenfutter etwas aufpeppen will, der kann das Futter in etwas Brühe einweichen oder auch mit Dosenfutter vermischt füttern. Bei der Trockennahrung ist verstärkt darauf zu achten, dass der Hund immer an ausreichend frisches Wasser gelangen kann. Nicht zu empfehlen ist Trockenfutter bei ausgesprochenen trinkfaulen Hunden, denn es schadet, durch den Flüssigkeitsmangel in Verbindung mit zu wenig Trinken, den Nieren. Der Körper muss bei der Verdauung dem Futter Flüssigkeit zufügen, was er ohne ausreichende Wasserzufuhr aus seinen körpereigenen Vorräten zieht. Diese würde er aber für die eigentliche Gesunderhaltung brauchen, deswegen kann es zu Dehydrierung kommen, wobei die Nieren stark belastet werden.

Neuerdings gibt es auf dem Markt auch sogenanntes **Halbnassfutter**. Dieser Futterart wird nicht ganz so viel Feuchtigkeit entzogen wie dem richtigen Trockenfutter, es ist aber auch nicht ganz so feucht wie das Dosenfutter. Es wird in luftdichten, wiederverschließbaren Tüten angeboten, damit es nicht austrocknet. Dieses Futter soll mäkeligen Hunden ein neues Futtererlebnis bieten. Auch bei dieser Art der Fütterung muss man darauf achten, dass der Hund genug trinkt.

Das **Futter aus der Dose** ist, bei guten Futterherstellern, schonend gegart, hat eine gute Zusammensetzung und ist durch die Dose haltbar. Die Dosen sind natürlich schwerer als das Trockenfutter, brauchen mehr Platz in der Lagerung zu Hause und wenn man die Dose öffnet, kann das empfindliche Menschennasen schon stören.

Das Futter aus der Dose kann problemlos von kranken, alten oder besonders jungen Tieren gefressen werden. Der Wasserhaushalt der Hunde wird kaum oder gar nicht belastet. Eine geöffnete Dose sollte schnell aufgebraucht werden, sonst schmeckt das Futter metallisch und verdirbt.

Bei den **Leckerchen**, Trainingsbelohnungen und Snacks sind Konservierungs- und Farbstoffe selbstverständlich auch zu vermeiden. Dem Hund ist es völlig gleich, ob die Leckerli eine Knochen- oder Herzform haben, rot, gelb oder grün sind. Hier muss man wirklich nicht auf die Futtermittelindustrie hereinfallen und besonders hübsche Produkte kaufen - auf den Inhalt kommt es an!
Naturbelassene Artikel, aber auch eine Karotten- oder Gurkenscheibe, ein Apfelschnitz, ein Käsewürfel oder Ähnliches macht den Hund genauso froh.

Es gibt einige Nahrungsmittel, die man **nie füttern** darf, denn sie sind für Hunde stark gesundheitsgefährdend oder giftig. Dazu gehören **stark salzhaltige Nahrungsmittel**, die den kleinen Hundekörper zu sehr belasten und Kreislauf und Nieren lahmlegen.

Schokolade und kakaohaltige Lebensmittel sind für Hunde ebenfalls tabu. Denn das dort enthaltene Theobromin ist gar nicht gut für Hunde. Je mehr Kakao, in dem das Theobromin steckt, desto schlechter für den Hund.

Trauben und deren getrocknete Variante, die Rosinen, führen durch die Oxalsäure bei Hunden zu extremer Schlaffheit, Erbrechen und Nierenversagen.

Hunde vertragen selbstverständlich **keinen Alkohol**, sollten **keinen Hopfen und keinen Kaffee** verzehren bzw. trinken. Während jeder weiß, dass Alkohol ein Gift ist, führen gerade hoch dosierte Hopfenpräparate bei den Vierbeinern zu Herzrasen, keuchen und Fieber. Der Kaffee sorgt für Herzrasen, Erbrechen und Ruhelosigkeit.

Was uns gut schmeckt sind **Zwiebeln**, aber dem Hund schaden die darin enthaltenen Schwefelstoffe sehr: Sie zerstören die roten Blutkörperchen des Hundes, er bekommt Gelbsucht, hat Blut im Urin und sein Blutbild wäre stark verändert.

Bei **Steinobst** wie Kirschen, Pfirsiche oder Zwetschgen muss man gut achtgeben, dass die Kerne nicht zerbissen werden. Darin ist Blausäure, die für Mensch und Hund giftig ist. Durch die Blausäure kommt es zu Vergiftungserscheinungen wie Erbrechen mit Durchfall, man hat Atemnot und Krämpfe. Die Kerne im ganze verschluckt können durch scharfe Kanten den Darm verletzen, oder die Kerne verursachen einen Darmverschluss, der nur operativ behoben werden kann.

Das Verfüttern von **rohem Schweinefleisch** kann zu einer schweren Erkrankung beim Hund führen, übrigens auch der Mensch sollte auf rohes Fleisch vom Schwein verzichten. Das Aujeszky-Virus, das von Schweinen übertragen wird, ist nicht heilbar und endet tödlich!

Diese Gemüsesorten nie roh verfüttern:
Tomaten, Auberginen, Bohnen und Kartoffeln. Gekocht können Hunden die Gemüsesorten verfüttert werden. Bitte auch keine Avocado dem Hund geben, es ist zwar noch umstritten, wie schlecht die Avocado für Hunde ist, aber man muss beim eigenen Hund ja keine Experimente starten.

Pflege

Die Pflege der Frenchies ist denkbar einfach. Da sie kein langes **Fell** tragen, reicht es, wenn sie ab und zu gebürstet werden. Damit werden abgestorbene Haare und Hautschuppen abgetragen, der Hund wird das genießen! Nach einem Spaziergang reicht es bei leichter Verschmutzung, wenn der Bully mit einem feuchten Tuch abgerieben wird und wenn er durch Regen einmal nass wurde, ist es gut, wenn man ihn mit einem Frottiertuch trockenrubbelt. Abduschen und das Verwenden von Hundeshampoo sollte so selten wie möglich gemacht werden. Das Shampoo zerstört den natürlichen Schutzmantel der Haut und des Felles. Deswegen: Weniger ist mehr!

Die angeborenen **Hautfalten** sind regelmäßig auf Entzündungen und Parasiten zu untersuchen, damit man rechtzeitig gegensteuern kann. Bitte darauf achten, dass die Hautfalten trocken und sauber sind! Die Reinigung kann im Normalfall einfach mit einem feuchten Waschlappen oder einem Babyfeuchttuch erfolgen.

Die **Ohren** der Bullys sollten mit einem speziellen Ohrreiniger für Hunde ohne die Benutzung von Wattestäbchen in regelmäßigen Abständen erfolgen. So haben Ohrmilben erst gar keine Chance dem Hund das Leben schwer zu machen. Eine richtige Ohrenentzündung sollte immer von einem Tierarzt behandelt werden. Heilt die Entzündung in den Gehörgängen nicht richtig ab, kann diese chronisch werden. Die Symptome der Ohrentzündung sind: Gerötete Haut in den Ohren, evtl. übler Geruch und ein Belag, der Hund kratzt sich oft in den Ohren oder schüttelt sehr oft den Kopf.

Die **Augen** kann man ab und zu mit einem feuchten Tuch reinigen. Dabei kann man auch gleich untersuchen, ob eine Bindehautentzündung entstanden ist. Entdeckt man einen Fremdkörper im Auge, bitte nicht selbst versuchen, diesen zu entfernen. Es ist besser, wenn der Tierarzt dies tut.

Krallen und Füße brauchen ebenfalls regelmäßige Aufmerksamkeit.
Die Krallen werden oft zu lang und müssen dann gekürzt werden. Da ist der Tierarzt gerne behilflich, jedoch kann man dies auch selbst tun.

Achtung: Die etwas weiter oben sitzende Wolfs- oder Daumenkralle an den Vorderfüßen nicht vergessen!
Die Füße untersucht man vor allem zwischen den Zehen, damit kein Fremdkörper dem Hund das Laufen vermiest. So sieht man auch gleich, ob die Haut zwischen den Zehen gerötet oder gar entzündet ist und kann schnell darauf reagieren.

Wetter: Im Sommer machen dem Frenchie die Sonne und Hitze zu schaffen und im Winter wird ihm schnell zu kalt.

Da diese Rasse keine Unterwolle hat, frieren sie leicht. Doch Abhilfe kann, bei argen Temperaturen draußen, ein Mäntelchen schaffen.

Die Hundesprache und Mimik

Hunde kommunizieren recht wenig über Lautäußerungen, das meiste geht über die Körpersprache.
Die Französischen Bulldoggen haben durch die Zucht einiges an den Merkmalen, die ein Hund zur Kommunikation braucht, leider eingebüßt. So kommt es tatsächlich vor, dass andere Hunde den Frenchie nicht richtig verstehen, da sie keinen Schwanz haben, die Ohren nicht drehen oder stellen können und auch der Gesichtsausdruck fast immer gleich ist. Kommt dann ein Frenchie auch noch aus Luftmangel grunzend angelaufen, dann kann ein fremder Hund dies als Aggression ansehen. Deswegen ist zunächst einmal Vorsicht geboten, wenn zwei Hunde aufeinandertreffen, die sich noch nicht kennen.

Doch nicht nur die Frenchies werden falsch verstanden; Hunde, die auch am Kopf langes Fell tragen, werden ebenfalls von Artgenossen nicht richtig „gelesen“. Dem Rottweiler beispielsweise ist die Mimik aus dem Gesicht heraus gezüchtet worden und er kann deswegen auch schwer mit anderen Hunden kommunizieren.

Da den Bullys die Rute fast komplett fehlt, die Ohren immer nach vorne zeigen und das Gesicht seinen typischen Ausdruck hat, muss man sich anders orientieren, um zu sehen, wie es dem Hund geht.

An der Körperhaltung kann man viel von seinem Hund ablesen. Ist er fröhlich und zufrieden, läuft er ausgelassen umher und ist zu Späßen bereit. Hat er Angst, dann macht er sich klein, einen krummen Rücken und versucht nicht gesehen zu werden. Ein selbstbewusster Hund macht sich groß und geht aufrecht. Ein neugieriger Hund legt den Kopf schief. Ist ein Hund gestresst und unsicher, zeigt sich dies durch kratzen, schütteln, gähnen oder Nase lecken. Ein Hund, der sich unterwirft, der wirft sich auf den Rücken und legt seine Kehle blank. Nicht zu verwechseln mit dem auf den Rücken drehen, damit man besser den Bauch kraulen kann. Und der freundlich gestimmte Hund fordert zum Spielen auf, in dem er mit den Vorderbeinen heruntergeht und mit dem Schwänzchen nach oben gestreckt wedelt. Ein überglücklicher Hund wedelt so heftig mit dem Schwänzchen, dass das gesamte Hinterteil mitwedelt. Das Wegschauen oder Wegdrehen ist entweder ein Friedensangebot oder auch eine Respektsbekundung.

Mit der Zeit lernt man seinen Hund immer besser kennen und es reicht ein Blick, um zu wissen, was los ist. Übrigens ist nicht nur die Körpersprache des Hundes wichtig: Der Hund liest auch den Menschen. Deswegen sollte ein Hundeführer immer aufrecht, mit strammen Schritt gehen und Souveränität ausstrahlen, damit der Hund weiß, dass der Mensch alles im Griff hat und er sich auf ihn verlassen kann. Geht der Hundeführer aber schlurfend, geduckt und wirkt unachtsam, dann will der Hund diese Rolle des Führers übernehmen. Das ist gar keine böse Absicht: Einer im Rudel muss eben führen. Und wenn der Mensch aus Sicht des Hundes nicht dazu in der Lage ist, dann versucht der Hund die Rolle zu übernehmen. Da kommt es dann leicht zu Konflikten, die es in der Hund-Mensch-Beziehung nicht geben sollte. Man sollte deswegen auch immer sich selbst beobachten.

Genauso ist es, wenn man dem Hund ein Kommando gibt. Dieses darf man nicht zögernd oder fragend geben, da reagiert der Hund einfach nicht. Er hört dann an der Stimmlage, dass es dem Menschen wohl gerade nicht so wichtig ist, dass er auf ihn hört. Spricht der Mensch das Kommando aber klar und bewusst, ja sogar fordernd aus, dann gehorcht der Hund. So klappt es mit dem Zusammenleben viel besser.

Sport und Spiel – Abwechslung muss sein

Für Welpen gibt es in vielen Hundeschulen eine extra Welpen Spielstunde oder Welpen Schule. Hier wird den Welpen schon der Grundgehorsam beigebracht, aber nebenbei können die Welpen in den Pausen nach Herzenslust mit anderen Hunden im selben Alter spielen. Diese Interaktion mit Artgenossen ist für die Welpen extrem wichtig um soziale Kompetenzen zu erlernen. Da in einem Haushalt meistens nur ein Hund lebt, kann er dort wichtige Regeln des Hundelebens nach der Zeit bei Mutter und Geschwistern erleben, um später mit allen Hunden klarzukommen.

Für einen erwachsenen Hund ist das Zusammentreffen mit anderen Hunden auch sehr schön. So sehr die Frenchies ihre Menschen lieben, Artgenossen bringen doch noch einmal anderen Schwung in das Hundeleben. Gut ist, wenn sich Hunde mit den ungefähr gleichen Vorlieben „verabreden" können. Gerade die Bulldoggen brauchen doch eher einen ruhigeren Spielpartner.

Dass die Französische Bulldogge kein Arbeitstier ist und auch keine großen Spaziergänge und Wanderungen braucht, wurde bereits klar. Doch auch beim Spielen mit ihren Kameraden auf der Hundewiese sollte man immer darauf achten, dass sich der Bully nicht überanstrengt. Deswegen nie zu

viel und wild spielen lassen. Sportarten wie Agility sind deswegen nicht unbedingt die besten für die kleinen Racker.
Besser ist es mit dem Hund zusammen Intelligenzspiele zu machen, die nicht den Körper, sondern den Kopf fordern. Im Handel gibt es jede Menge der Intelligenzspielzeuge, aber man kann auch mit Alltagsgegenständen den Hund beschäftigen.

Und weil die Frenchies so schlau sind, macht es auch besonders viel Spaß ihnen viele Tricks beizubringen! Es gibt eine Menge mehr an Tricks und Kommandos wie die üblichen „Sitz“- oder „Platz“ Übungen. Der Hund kann lernen, Türen zu schließen, die Leine zu bringen, Schubladen zu öffnen, etc.

Auch auf den täglichen Spazierrunden kann man Abwechslung einfließen lassen: Nicht immer die gleichen Wege gehen, auch mal querfeldein und in Maßen über Stock und Stein laufen.
Ab und zu Schnüffelspiele im Wald einbauen, in dem man Leckerlis im Moos oder unter Laub versteckt und der Hund darf sie dann suchen. Oder man legt auf einer Wiese eine Spur aus und der Hund muss dieser folgen. Immer schöne und gemäßigte Beschäftigungsmöglichkeiten suchen.

Im Sommer kann man dem Hund in einem Planschbecken, das nicht zu hoch mit Wasser gefüllt wird, auch zu Wasserspaß und Abkühlung verhelfen.

Manche Hunde liegen ausgesprochen gerne im Wasser, andere wiederum buddeln gerne darin, sodass ihnen das Wasser nur so um die Ohren spritzt.

Wichtig bei dieser menschenbezogenen Rasse ist es, dass man sich als Halter viel mit den Hunden beschäftigt. Das muss gar nicht mit einer großen Aktivität verbunden werden. Zusammen entspannen und kuscheln genügt den Hunden!

Haftungsausschluss

„Die Verwendung der Informationen in diesem Buch und die Umsetzung derselben erfolgt ausdrücklich auf eigenes Risiko. Der Autor kann für etwaige Unfälle und Schäden jeder Art, die sich bei der Zubereitung der Speisen ergeben, aus keinerlei Rechtsgrund die Haftung übernehmen. Haftungsansprüche gegen den Autor für Schäden jeglicher Art, die durch die Nutzung der Informationen in diesem Buch, bzw. durch die Nutzung fehlerhafter und/ oder unvollständiger Informationen verursacht wurden, sind ausgeschlossen. Folglich sind auch Rechts- und Schadenersatzansprüche ausgeschlossen. Der Inhalt dieses Werkes wurde mit größter Sorgfalt erstellt und überprüft. Der Autor übernimmt keine Gewähr und Haftung für die Aktualität, Korrektheit, Vollständigkeit und Qualität der bereitgestellten Informationen. Druckfehler können nicht vollständig ausgeschlossen werden. Weiterhin beruht der Inhalt dieses Werkes auf persönlichen Erfahrungen und Meinungen des Autors. Der Inhalt darf nicht mit medizinischer Hilfe verwechselt wer-den."

Impressum

Kontakt: Barbara Reichenberger, Am Graßdorfer Wäldchen14, 04425 Taucha
Covergestaltung: Hanna Heckmann
Coverfoto: depositphotos

14352906R00035

Printed in Germany
by Amazon Distribution
GmbH, Leipzig